科學知識系列

森巴

水的知識

編繪 姜智傑

森巴

來自非洲森林的3歲小男孩，習慣了森林生活，因此不擅説話，但運動能力極強。家中住着一大群自幼認識的動物朋友，過着無憂無慮的日子。

小剛

平凡普通的小學生，但森巴不懂城市生活的細節，往往為他帶來麻煩。不過他心底裏卻是非常愛護這位頑皮的弟弟。

滴滴仔

從天而降的神秘水點，不但會説話，還能做很多事情。它的來歷、身體構造等等都是個謎，正被神秘特工追捕。

登場人物介紹

翠翠

「哈蜜瓜族」族長女兒，憤怒時會野性化。森巴的未婚妻（自稱），由非洲追到來小剛家，後來為了照顧森巴，決定寄住家中。

兜巴哥

素食主義部族「咕嚕族」人，遵從他認為是「咕嚕神」的馬騮之意，留在小剛家當保安。森巴永遠的宿敵，決鬥互有勝負。

馬騮

懂得說話的猴子，緊隨森巴來到小剛家，但身世仍然是個謎。

畢博士 金博士

正在從事一項大型研究的科學家，成功的話足以改變世界。

目錄 Contents

第一回 遇上超級水 5

你喝下的水已存在了億萬年？ 29

第二回 萬能的水點 31

吃一個麵包等於喝了160杯水？ 53

第三回 進擊濾水廠 55

在水龍頭的另一邊是甚麼？ 79

第四回 潛入實驗室 81

「樓下閂水喉」的魔咒 105

第五回 水的大決戰 107

你也能夠拯救地球另一邊的人！ 133

森巴常識問答大賽 封底裏

第一回
遇上超級水

呼~~~~~~

砰

不要吵啊

轟

森巴！這是我為你花了兩小時
精心炮製的
特級早餐！
翠翠愛心

哇～～

多
謝
哈～
你喜歡就好，
不如我們一起
……

嗖——
…吃……

算吧，只要可以
每天為森巴煮早餐，
就算不能一起吃，
我也心滿意足了……

一
起
吃
吓!?

嘎……
翠翠早晨。
對不起，
撞倒你了。

咦，
森巴呢？

他剛拿了吃完早餐的
碗碟去浴室洗…
去浴室…
洗碗？

哈——
哈——

你這樣
很浪費食水啊!!

!!

啊

就讓我 K 先生解說一下，
森巴和兜巴哥每天見面都會決鬥一次，
由猜拳、跳遠以至吃飯、小便……
總之甚麼也能拿來鬥一番。

鬥
乾
淨
剛、你來做、
評判吧。
你們太浪費
食水啦！
還用洗頭水來洗碗！

水是很珍貴的資源。
世界上有三分之一人口
沒有足夠的清潔食水用，
所以我們要好好珍惜現在
扭開水龍頭就有水的生活呀…

那麼、這些水、
循環再用、洗白白！
呵～～

洗完
了吧！
快給我
出來！

咻咻咻咻咻—
呀！

乾
淨
了

屁股相撲！
再
鬥
過
你們別再鬥了！

兜巴哥立刻抹乾地板！
森巴要跟我去買日用品！

老爸正在打摔角巡迴賽，
媽子又要研究木星探索……
他們長期不在家，
森巴你們要幫我分擔家務啊。

好

叫你幫忙買東西，
也不用扮成媽子
啊…

來
吧
抱
抱
小
剛
不要啊！
好嘔心！

媽
媽
愛
你
救命啊！

啡

為甚麼
那團黑雲這麼
接近地面的？
難道快將
有雷暴？
是不祥
預兆啊！
快逃！

這
是
？
甚
麼

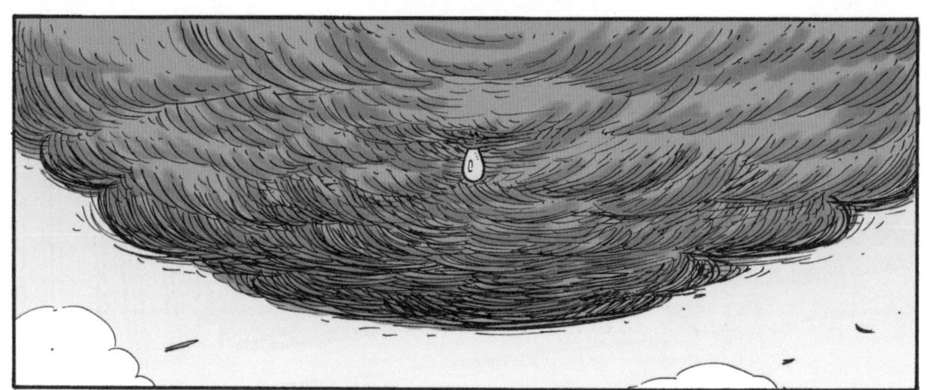

嗚~~~
好……
好大滴雨水
……
好像會動的？

咿~~

呀~~
我自由了!!

哇!!快逃!!
外星人侵略
地球呀!!
會說話的水
很恐怖呀!!
那團黑雲
原來是
太空船!!
有沒有
超級英雄
救我們啊？

啜～～
哇～

啪！
不要喝
我啊！

人類真危險…
這水怪真厲害，
是表面張力嗎？
既能保持形態，
又可任意變形。

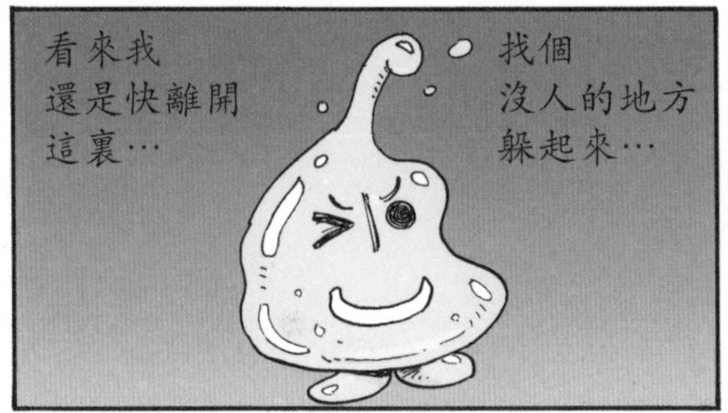
看來我
還是快離開
這裏…
找個
沒人的地方
躲起來…

水～
好
玩

哈~~

好
癢

哈~~

啜~
啊—

好了，玩夠了……
森巴，放它出來吧……
嗚～

呸
>/<

謝謝你沒把我喝掉!
你到底是甚麼生物？
從外太空來的嗎？
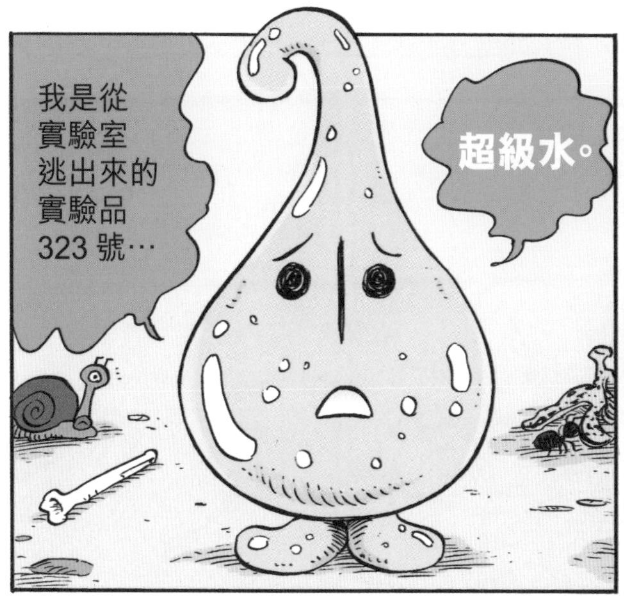
我是從
實驗室
逃出來的
實驗品
323 號…
超級水。

超級水 !?
?

我是由畢博士和金博士共同研發，
一種可持續強力水分子的唯一成功實驗體。

擁有超表面張力，
裝設 A.I. 獨立思考，
還有極強行動力的
智能產物——
超級水!!

金博士要讓我改善人類生活，
但畢博士卻想用我製造戰爭武器，
兩人發生激烈爭執……
金博士不希望我變成
殺人工具，所以偷偷
把我送走……

我流入了大海，蒸發變成雲……
被風帶到陸地，再化為雨水掉到這裏來。

白雲
雨雲
水蒸氣
雨點
海水

事情就是這樣了。
原來你
正在逃亡。
好可憐

不如我們做朋友
？
放心，
他不會
再把你
喝下。
好吧…

既然你
身懷絕技，
外形又像
一滴水···

就叫做
滴水俠吧 !!

好啊···

滴滴仔……
很好聽啊！
滴
滴
仔
誰叫森巴是主角，隨他喜歡吧。
哈——
應該在這附近！
快去找！

糟了！是畢博士的手下！

快躲起來！
讓
我
來
不行，我不夠時間變水蒸氣！

小朋友，你有沒有
見到有一滴水
在這附近走過？

啊……
好像往那方向跑去了。
對！
一定是
它了！

小朋友，
謝謝你
的情報！
我們
找了很久
啦！
森巴
忍不住啦……
快
離
開
呀……

我請你
喝汽水
吧！
哈，
不用
客氣！

你怎麼
不問我們
為何要找
一滴水？
哈哈…
一時沒
想到……

……
不過就算
你問我們
也不會答！
這是秘密！
哈哈哈！

再見！
我們
去那邊找！
好！

好！
現在安全了！
嘔——

啊，滴滴仔被森巴的口氣臭到昏迷了！
嗚……

是
嗎
嘩！別過來！

我們先帶滴滴仔回家吧！
好
嗚…你的口別靠那麼近！

你喝下的水已存在了億萬年？

——水循環與水的分佈

說到水你會
想到甚麼？
水有三種
形態……
這杯水
已放了
幾億年。
吓
!?

地球上有約 70% 是水分，但其實人類並不能「生產」水，絕大部分的水都是很久以前已經存在。為甚麼我們喝到的水這麼清澈，又可以源源不絕的供應？關鍵就在「水循環」。

水循環 滴滴仔的逃走路線，就是一個簡單的水循環。

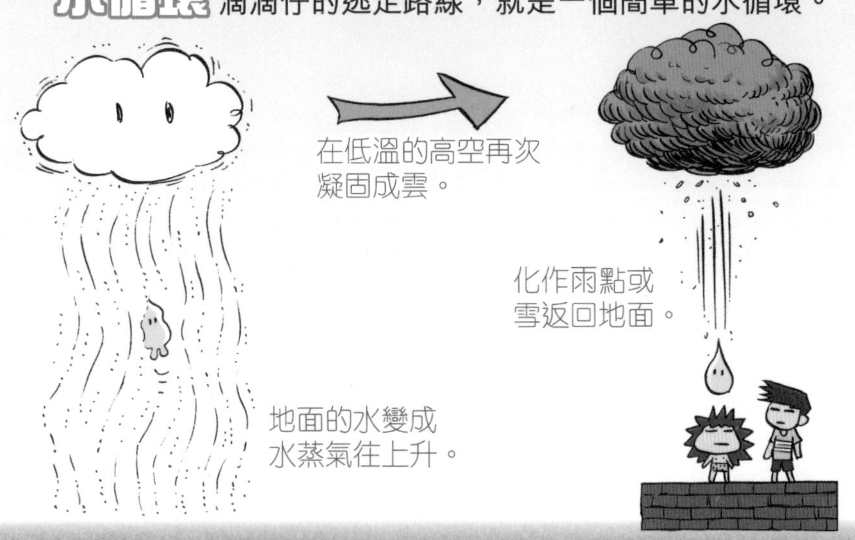
在低溫的高空再次
凝固成雲。
化作雨點或
雪返回地面。
地面的水變成
水蒸氣往上升。

在這過程中，水會不停運動，排除其他雜質，如此過了億萬年仍能保持清澈。

Check! 除了海洋之外，冰川、地下水等都是透過不斷流失與補充，形成這個水循環的一部分。

Check! 大自然的環境並不能合成或分解水。但一般相信自數億年前海洋形成以來，水就一直在經歷這循環了。

既然地球這麼多水，
為甚麼還有這麼多
地方出現水荒？

因為能供給人類
使用的水，只佔
不足 0.01% ！

全球水分佈

地球的總水量約有 14 億立方公里，理論上足夠全球人類用超過 50 萬年。可是這些水的分佈差異很大，我們能直接抽取使用的水是非常少的。

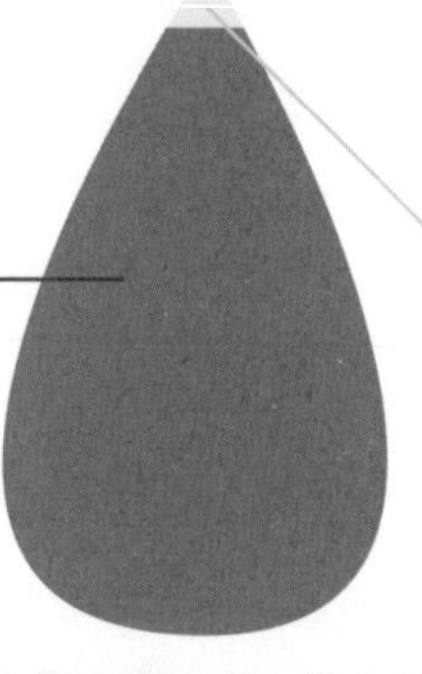

海水 超過 97%

含有鹽分，所以不能直接飲用，亦難以作為其他用途。

淡水 不足 3%

除了供給人類使用之外，亦是陸上的動、植物不可或缺的水源。

全球淡水分佈

我們的生活主要使用淡水，但這 3% 淡水亦不是全部能用，它們都以各種形式停留在不同地方。

冰川 約 69%

主要在南、北兩極及高山地帶，南極佔了當中的 90%。

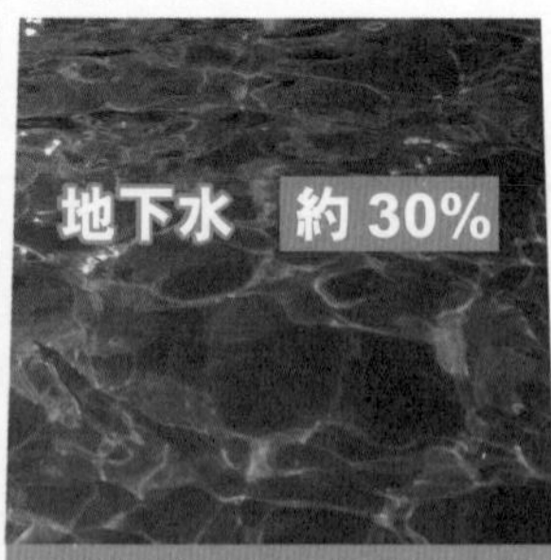

地下水 約 30%

埋藏在地底深處的水，雖然不受污染，但採掘難度高。

其他 約 1%

包括湖泊、河流、空氣中的水分、生物體內水分等等。

南、北兩極有調節海水溫度和水位的重要功能。近年全球暖化令兩極冰川融化，令海水水位上升，最直接影響就是很多沿海地區會被淹沒！

Check!

第二回
萬能的水點

很舒服～
嘎～

原來水
也要洗澡？
洗完澡真清爽！

我的身體100%是水分，
只要吸收清潔的水，
就能排出體內雜質了。
原來如此！

你也飲
剛
多多水
嗚——

呀——

這不是給
你們喝的~
不要舔我啊！

這樣它會
死的！
大家
快停口！
喝了一大桶水~

呀！只剩下
這一點！

快帶
滴滴仔
去浴缸！

嗄————

幸好趕得及
補充水分…
哈~~

自來水
真方便
啊！
我隨時
能在這裏
回復原狀！
你縮得多麼小也能復原的嗎？
對啊，
全靠我體內
的這零件！

超級水心臟

●體積只有0.01毫米，肉眼都無法看見。

●擁有人工智能，並配備記憶系統、語言系統、還有學習功能。

●用太陽能供電，只需充電1小時就夠使用1個月。

●增強、控制表面張力，令水能夠以不同形態自由活動。

0.01mm

真的很
厲害啊！
嘩

所以我能夠
變成一條蛇
……

一個人
…

甚至一條
大暴龍呢！

那麼我們叫大家一起來玩吧！
好!!

水炮

發射

嘩

火——

咦？滴滴仔呢？

我在這裏啊……
快…熱死了……

哈哈，你差點
就變水蒸氣了。
呀—

對了，你說你能
改善人類生活，
那到底有甚麼
功用？

我的功用
數之不盡…
就讓我
在這裏示範
一下吧！

首先是…
自動
清潔
功能!!

我抹—
我抹—

好，
清潔完畢！
然後…

我抹—
我抹—

用清水沖洗一下…

好厲害！
乾淨了！
可以無限次
重用！

在潮濕的天氣，
我可以吸濕乾衣…

乾燥的日子又能
釋放水氣加濕。

把我加熱後
可用來蒸煮…

或者放在浴室
給大家焗桑拿。

我還可以定時到後花園澆水…

亦能倒入汽水，玩噴汽水遊戲。

這用途似乎
有點無聊…

玩到好累啊…
嘎～～
出了
一身汗…

對了，你家的
雪櫃在哪？

這
裏
你們等我
5分鐘吧！

滴答…
滴答…
滴答…

5分鐘後—
完成！
？

Hi !!

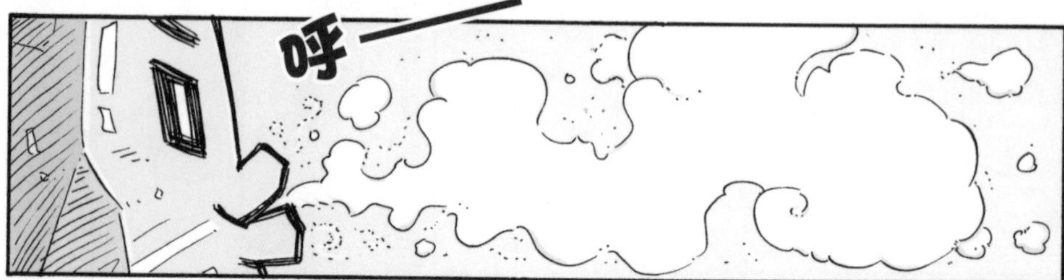

呀—
好涼快啊！

這台流動冷氣機既環保又省電，還懂得跳舞，完美！

你這麼實用，難怪兩位博士要爭奪了。

說起來，那個畢博士想用你製造甚麼武器？
這個嘛…

我也不太清楚，好像是裝甲和水炮甚麼的…
他說要把這技術賣給戰爭中的國家。

哇！
是誰？

!!

不行
啊！

原來
他們是
機械人！
影像
處理器
受損…
看不見
東西…

讓我們來吧!!

我絕不會
讓你們捉走
滴滴仔！

森巴，
你上。
呵一

哇—
讓開
滴滴仔

呵！
嘿！

砰！

砰一

做得好！
勝
利

全機受損超過 30%…
看來要實行 B 計劃了…
好…

嗖一
他們想
怎樣？

剪刀、石頭、布！

特務2號、
3號！
再見了！
1號，
再見了！

我不會把
滴滴仔
給你的！

自爆
裝置——
啟動!!

BOOOM!!

實驗品 323 號
成功回收！
立刻返回
基地！
啊

他們帶走了
滴滴仔！
追

唛
滴
滴
仔
嗚嗚……

幸好沒有
完全蒸發
掉…
那麼他們
捉了誰？
難
道
是

為甚麼
實驗品 323 號
這麼重的？

雖然看不見影像，
但我掃瞄過屋內，
水分最多的就是它，
肯定這就是超級水！

吃一個麵包等於喝了160杯水？

水的用途與水足跡

海洋的用途

平衡地球溫度

地球能夠維持着平穩的溫差，全是海洋的功勞。水的吸熱能力強，海洋日間吸收大量太陽的熱能，海水溫度卻幾乎不會上升。而夜間海洋散熱緩慢，把熱能持續送往空氣中，使地面不會急速變冷。

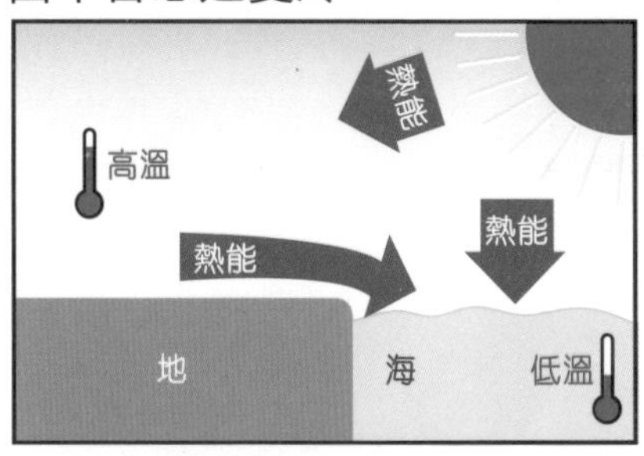

冰川有助海洋對流

南北兩極的冰層深入海底，令海面保持低溫。然而海水的冰點是 -2℃，因此淡水形成的冰塊不會融化，得出了奇妙的平衡。低溫的海水流向海底深處再擴散至熱帶地區，而熱帶的海水則流向兩極，形成對流。

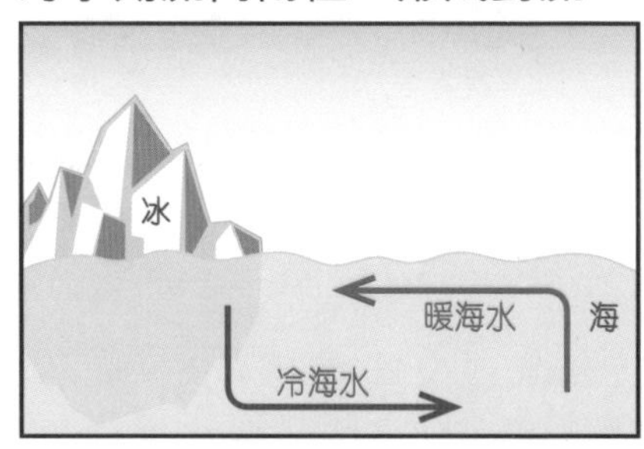

水的一個重要特性，就是在 4℃時密度最高。因為 4℃仍與冰點有一定距離，所以即使水面因天氣太冷而結冰，冰層下的水也能在結冰前下沉，不會讓整個海洋或湖泊凝結。

液態水分子自由流動。

固體冰的水分子連結在一起。

淡水的用途

日常生活中無時無刻也要用水，但我們用的水實際只佔了很小部分。到底哪方面的用水最多呢？

灌溉 約 68%

全球用水量最多的，是農業灌溉。除了我們的食物，農產品還有很多其他用途，例如全球穀物產量的 40% 是用作家畜飼料的。

工業 約 21%

產品原料、生產過程都要用水，但這方面比較容易循環再用。

家庭
約 11%

我們飲用、洗衣服、煮食等等日常用水。

多
喝
水

我想問……標題那句「1 個麵包等於 160 杯水」是甚麼意思？
那就要看看我的足跡了。

水的足跡

近年的環保議題中，水足跡一詞備受關注。人們主張探討生產每件產品所用的水，提倡減少間接用水，實行從源頭節省。

從種植小麥開始，加上製造麵粉、製作麵包等整個過程所用的水約 40 公升。

Check!

想知道你的一餐消耗了多少「間接用水」？可登入「賽馬會惜水．識河計劃」的水足跡計算機測試一下！

http://www.jcwise.hk/calculator/

第三回
進擊濾水廠

甚麼——!?

飯桶！
竟然連人類
和一滴水都
分不清楚!?
這是
一個人
來啊！

罰你們去洗廁所！

喂，老伯！
既然你捉錯人，
快放我走吧！
這些機械助手
的A.I.太過時，
是時候要
更新了…

快放我走吧！
你剛才說甚麼？

喂，老伯！
不，再之前的第一句…

甚麼老伯…
我才剛剛過了三十九歲生日…

我畢博士埋頭苦幹十多年，
研發出高性能的超級水，
正想賣給軍火商，
賺大錢提早退休…

可是金博士竟然多番阻撓，
不肯把技術賣出去，更偷偷地
把超級水放走！
我們已用盡
研究經費了!!
不行！我不能把
超級水當成武器！

於是我就把金博士關起來，
再完成我的退休大計…
WANTED
$1,000,000
WANTED
700,000
WANTED

然後找個
女朋友，
結婚
生子…
呵呵呵…

嘻嘻…
我的機械管家 K3，
才不會讓你逃走。

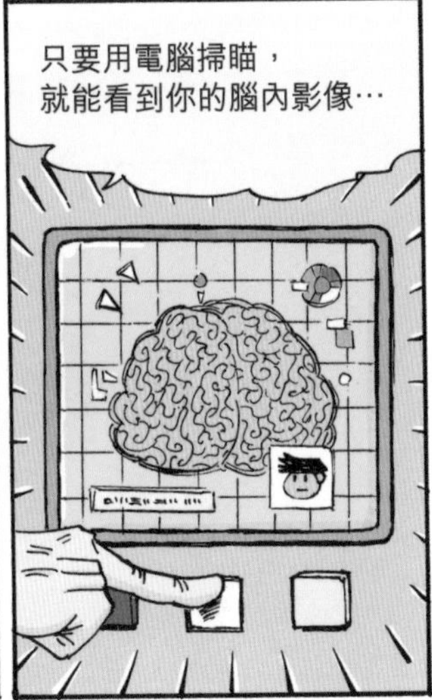
只要用電腦掃瞄，
就能看到你的腦內影像…

這樣便可
找到
實驗品 323
的位置了。

啦啦啦～～
呵～～

這是
甚麼？
我今早看的
卡通片…

我要找
323 的
資料啊！
主人，他腦內
只有這些影像…
哈…

沒用的傢伙!!
呀!

這是專為 VIP
而設的囚室。

只要把你關在這裏，
你的家人和 323 一定
會來救你的。
你怎知？

因為他們會收到你和
金博士的求救訊息啊！
啊！

你好，
很高興認識你…
我是金博士。

自我介紹
完了嗎？
是時候幫你們
拍短片了♥
？

嘿!!

救命呀～
哇～不要呀～

別這樣呀！
哈哈…
好癢呀!!
……

這就是你剛才
收到的電郵訊息？
沒錯。

森巴！
我們一起去救小剛和金博士吧！
好

那麼祝你們
兩個好運了！
好！
馬
騮
不
去
?

我還要照顧剛才
爆炸受傷的他們…
還有我可以
在這裏支援你們！
啊……

我先幫你們找出
畢博士的藏身地點吧。
WELCOME

滴滴仔，你記得自己
從哪裏逃出來的嗎？
我只記得是從一間
濾水廠流出大海…

先搜尋一下附近
哪裏有濾水廠吧…

我不知道
是哪間啊。
啊，這一帶竟然
有兩間濾水廠……

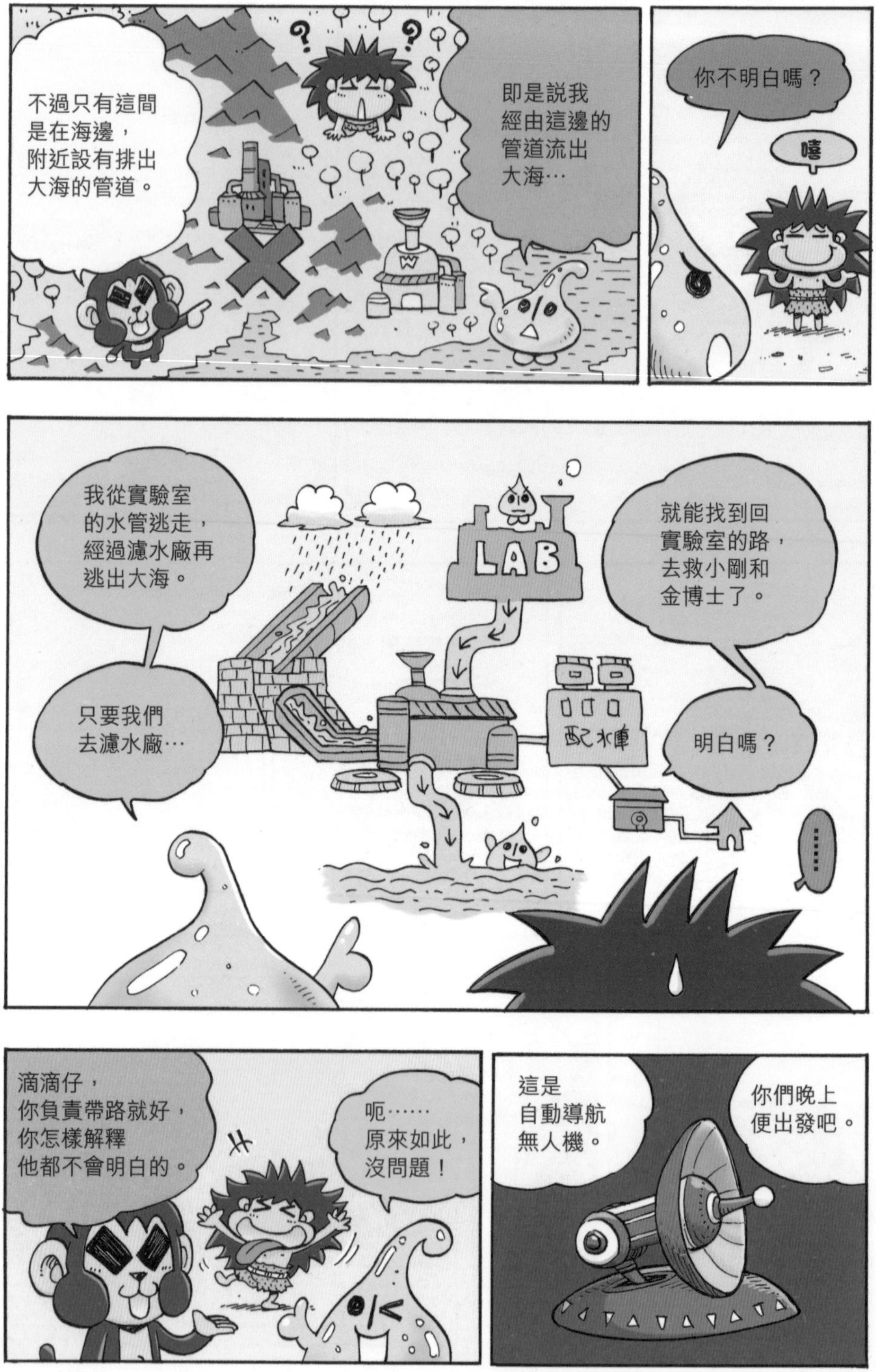

不過只有這間
是在海邊，
附近設有排出
大海的管道。
即是說我
經由這邊的
管道流出
大海…

你不明白嗎？
嘻

我從實驗室
的水管逃走，
經過濾水廠再
逃出大海。

只要我們
去濾水廠…

就能找到回
實驗室的路，
去救小剛和
金博士了。

明白嗎？

LAB

配水庫

……

滴滴仔，
你負責帶路就好，
你怎樣解釋
他都不會明白的。
呃……
原來如此，
沒問題！

這是
自動導航
無人機。
你們晚上
便出發吧。

?

哇——
原來白鴿也有
這麼大隻的…

到
了

慢
慢
吃
這裏晚上
竟沒有
守衛…
森巴，我們
進去吧。

出
發
呵——

慢
慢
來

啊，
有個閘口！

Hi
有
人
在
嗎
森巴!!

別叫這麼大聲，
我們就是不想被人發現啊！

等你們
很久了！

我是守護
這關卡的
火爐人
亞瑟！

奉命把
實驗體 323
帶回去給
畢博士！

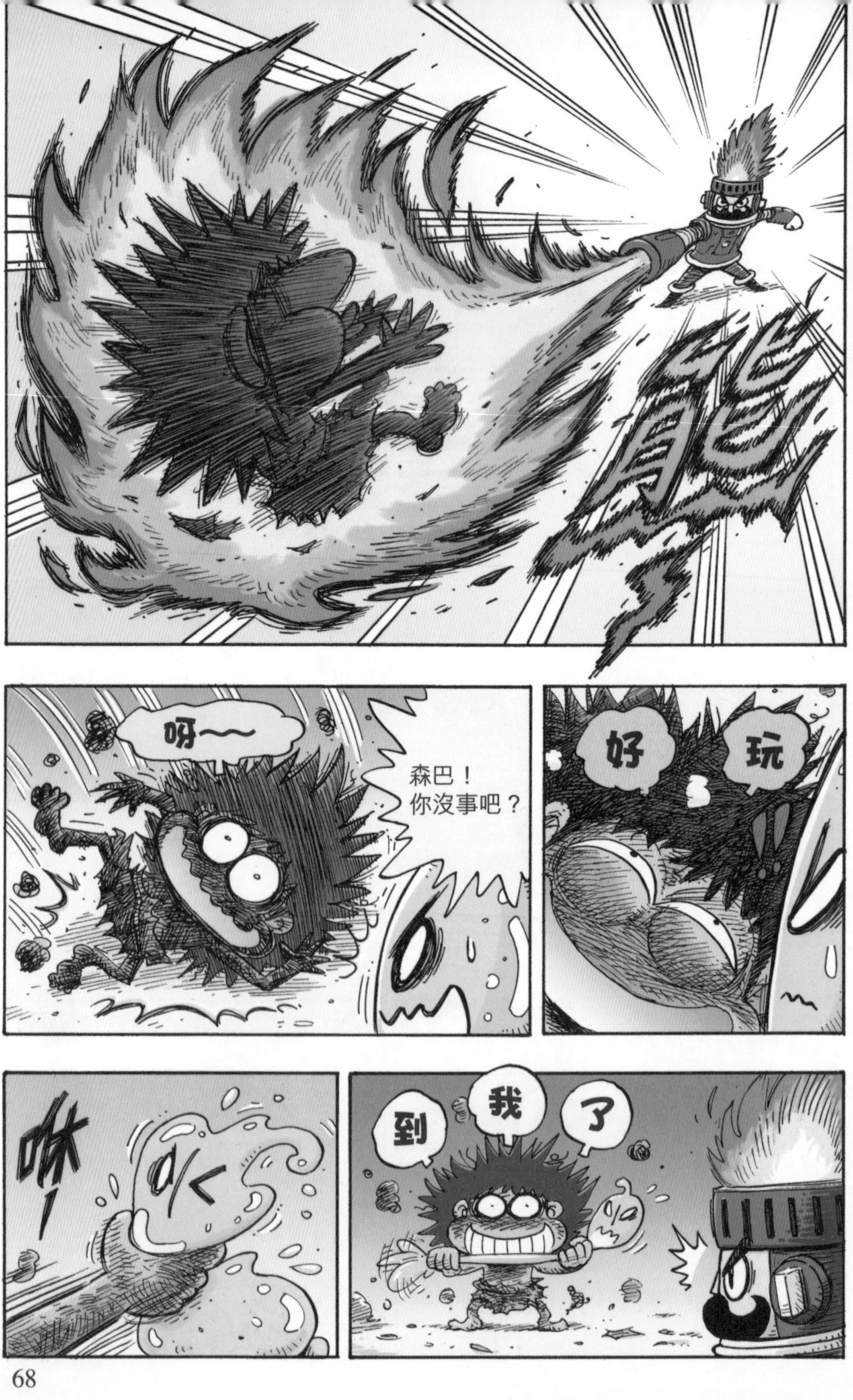

呀~~
森巴！
你沒事吧？

好玩

咻！

到我了

水炮攻擊
哇!!
嘿

呀!!我頭上的火快熄了！

讓我調大火一點⋯

增強火力!!
看招!!
砝
砝
水護盾
吐——
呸
呀!!
砰

嗄——
嗄——
嗄——

滴滴仔？
縮小了
水分都蒸發了…
糟，燃料快用完了！
這個火是不能熄滅的！

暫停一下！

咻!

充滿力量!!

熊!

第二回合
開始!!

水彈攻擊！

火力全開!!

彈
可惡呀！
最大火力
輸出!!
能

嘿——

熊

滾開！
滴
滴
仔

呀，
差點被
撲熄了。
幸好還有
一點點…

生
日
快
樂

呼——

哇呀!!
我的能量火種呀!!

砰
K.O.

我們
贏了!
過
關

森巴,
趁現在進入
濾水廠吧。
好

GO——

這條就是連接大海的管道！
只要逆流而上就能到達實驗室了！

但這裏
水流很急，
怎樣上去呢？
唔…

把
我
變
成
三
文
魚
啊？

看來他們很快
就會來到，
是你出場的
時候了。
畢博士請放心，
實驗體 323
一定逃不掉的…

在水龍頭的另一邊是甚麼？

供水系統與食水

香港供水系統

原水
未經處理的天然水，含有大量雜質和微生物，不適宜飲用。

濾水廠
為原水混入化學品消毒，然後過濾雜質，就成為我們可放心使用的食水了。

配水庫
短暫儲存處理過的食水，以便分配至各用戶。

抽水站
利用水壓運送水的中轉站。

香港原水主要來源

水塘
香港共有 17 個供應食水的水塘，供應約 1/3 港人使用的食水。

東江
屬於珠江的支流，現時港人使用的食水，約 2/3 由東江引入。

過濾食水的步驟

①加入活性碳、熟石灰和明礬，使水中雜質凝聚，再透過沉澱濾走。

②以沙石、無煙煤等製成濾層，過濾微小雜質。

③加入氯氣消毒，還有保護牙齒的氟化物，及防止喉管腐蝕的熟石灰。

世界主要供水來源

每個國家環境有別，食水來源也不盡相同呢。

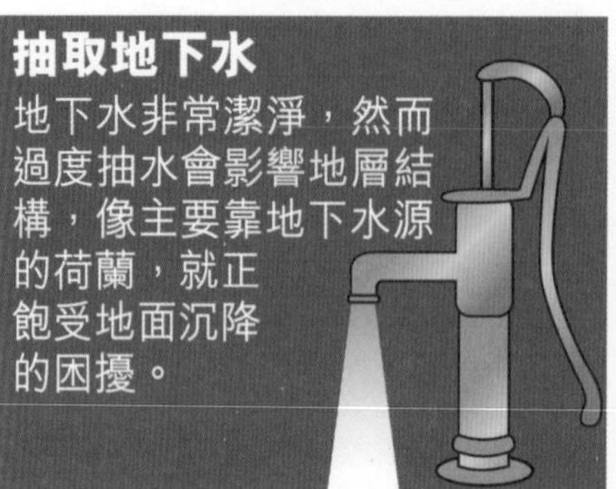

抽取地下水

地下水非常潔淨，然而過度抽水會影響地層結構，像主要靠地下水源的荷蘭，就正飽受地面沉降的困擾。

河流與湖泊

人類文明起源都是在鄰接河流的地區。現在科技進步，如香港也能透過建設輸水管道，從距離較遠的東江引入食水了。

雨水

香港設有中央雨水收集系統供應食水，另外不少地方會在建築物屋頂建立儲水箱，收集雨水自給自足或作緊急用途。

海水

海水化淡成本及技術要求高，現在仍未完全普及。以色列的食水 7 成來自海水，更令這缺乏水源的國家躍升為農產大國，是海水化淡的最成功典範。

Check! 香港的兩個第一！

知道嗎？香港的供水系統有兩個世界第一！

圖片出處：香港周末遊

一般水塘都是依山谷興建，船灣淡水湖卻是全球首個海中建立的水塘！興建堤壩後把中間的海水抽乾，就成為大型儲水庫。

香港主要使用海水沖廁，但香港原來是全球首個建立海水沖廁系統的地方！由於設計及保養等相當繁複，現在用海水沖廁的地區仍然非常少呢。

第四回
潛入實驗室

哈——
三
文
魚
森
巴
這樣真的行？

游～
游～

向
上
游

別再跳舞了，
快點出發吧！
小剛和金博士
都在等着啊！
好

準
備
3
2
1
跳

呵——

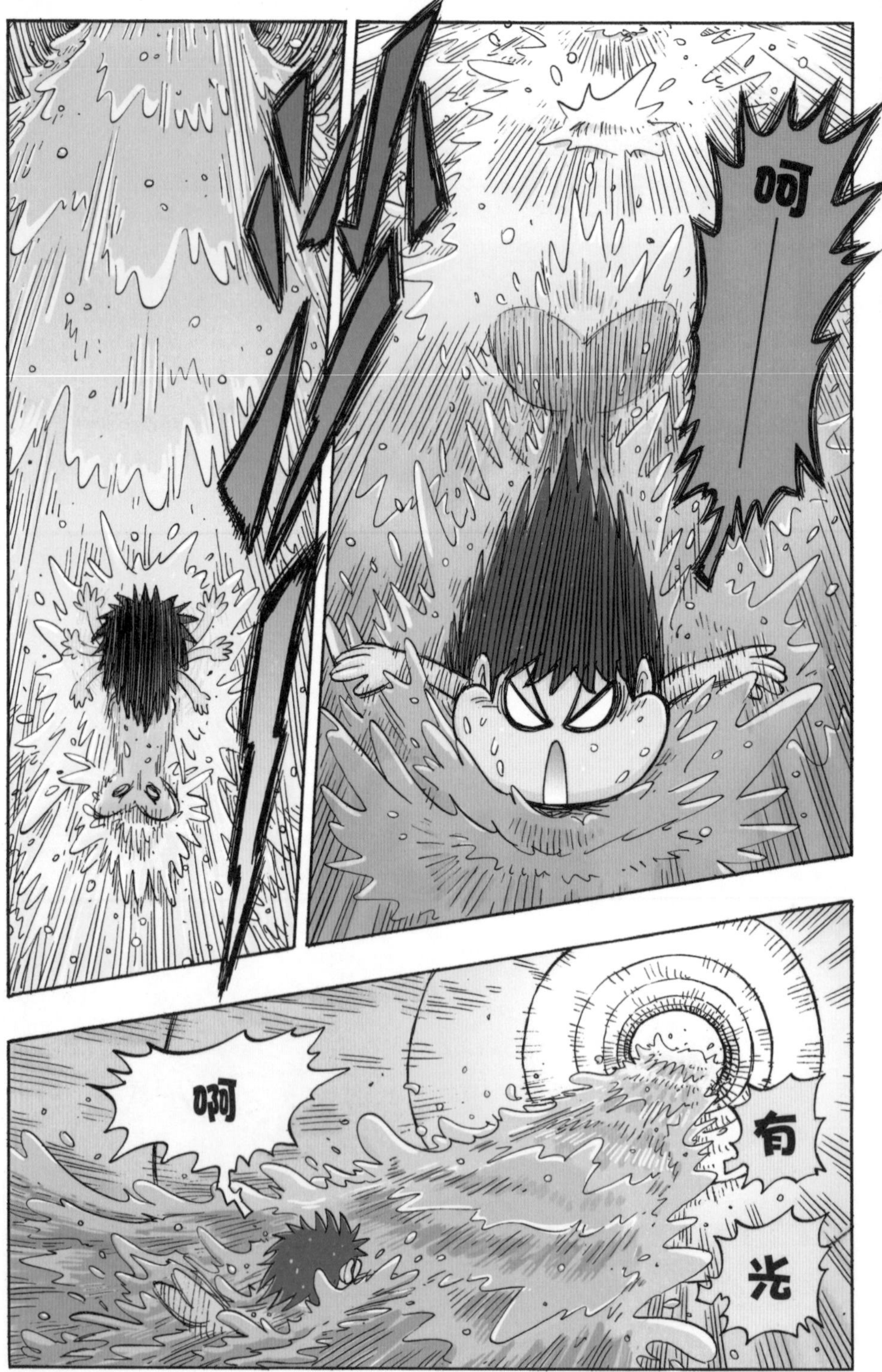
呵——
啊
有
光

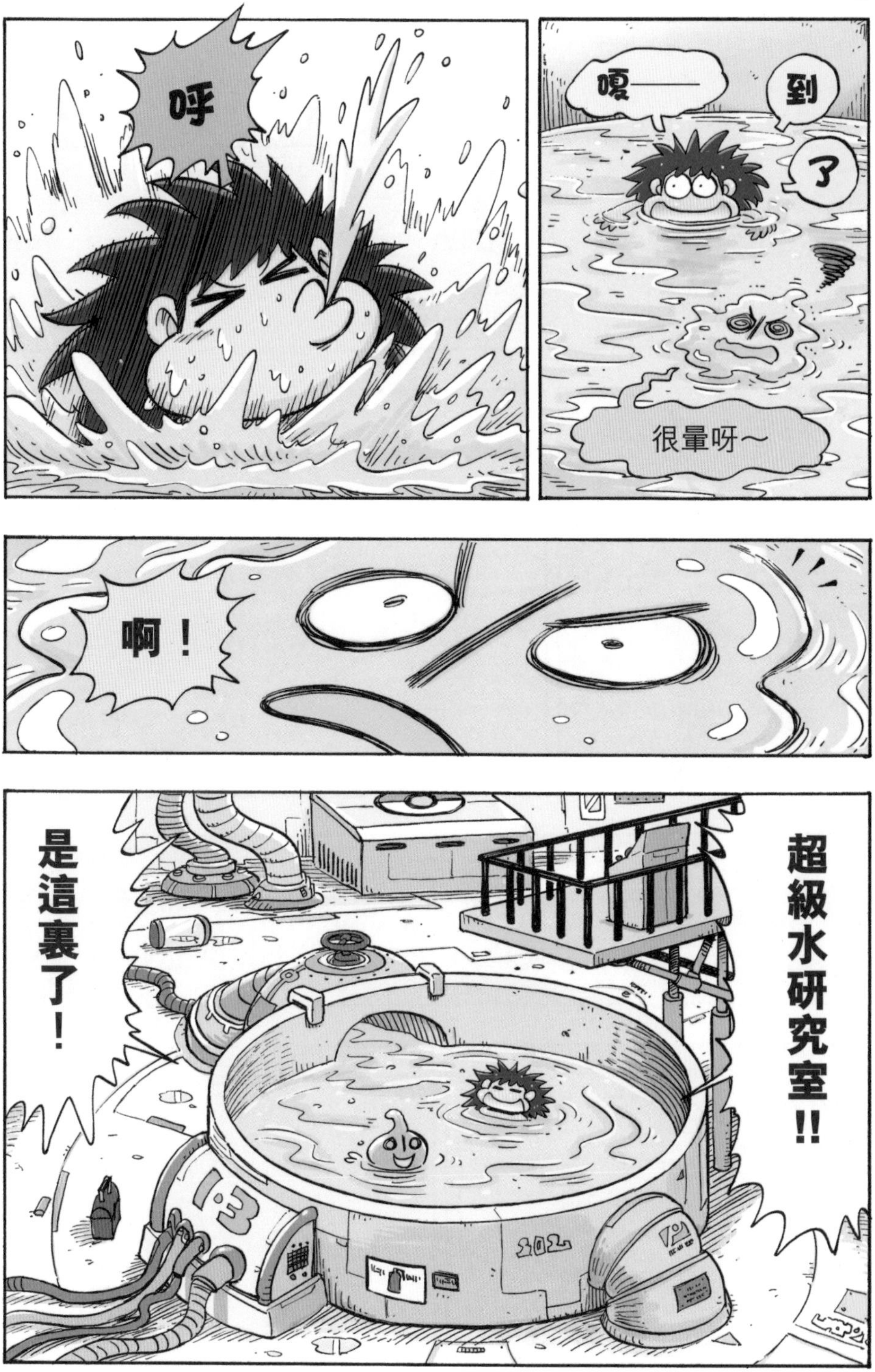

是這裏了！

超級水研究室!!

LAB
我們要先
找出兩人被關
的地方。
在
哪
裏
?

小心！

機
械
人
啦
啦
這裏所有工作
人員都是機械人，
只有兩位博士
是人類。

呀，
我有辦法！
讓我附在
你身上吧！
?

咻
哈——

合體
完成！
哈

然後調節
一下水的
折射率…

看！
你已經變成
透明了！
哇
很
厲
害

只要我們
不作聲的話…

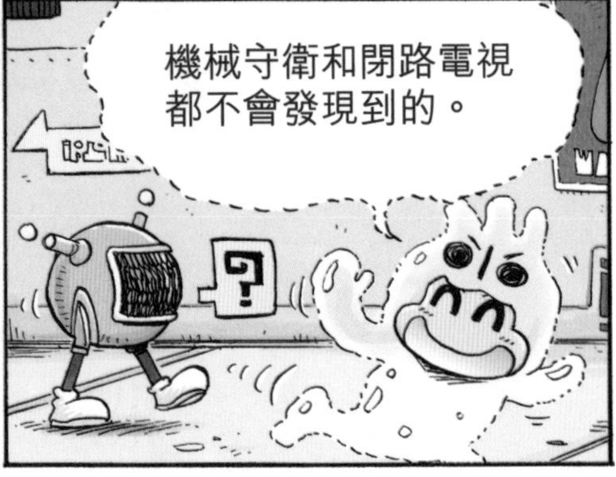
機械守衛和閉路電視
都不會發現到的。

這裏是用來
測試各種植物對
實驗體的反應。
哇——
很
多
植
物

其實最初兩位博士
設立這間研究室，
是為了解決全球性
的食水問題…
減少地球
海洋的污染…
為貧困地區提供
充足的潔淨水源。

可惜自從他們
無意中研發出超級水後，
卻漸漸忘記了這份初衷，
更為了搶奪我而引起爭執…

啊
有
很
多
滴
滴
仔

……
都叫你
別這麼
大聲…

這些都是
其他實驗體。
因為都是失敗作，
所以先放在
培養缸內儲存。

時間無多，
我們快去找兩人吧！

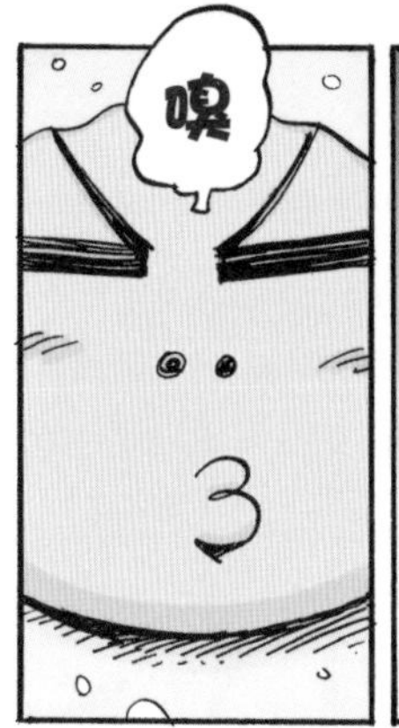
嗅

森巴，你能靠
氣味找到他們？
嗅～

在
那
邊

就是這裏了！
到底他們在
哪個牢房？

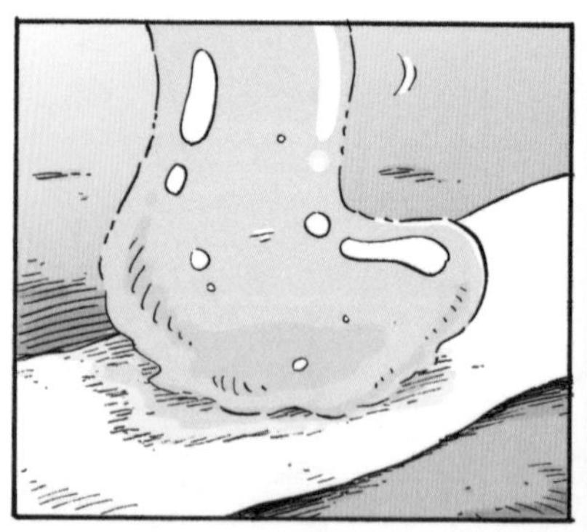

不小心吸收了你 5% 水分！

我便要
捉你回去了!!

實驗體323!!

呀

幸好走得快！

哼，竟然避開了
我的強力吸水廁紙。
不過下次
沒那麼走運…

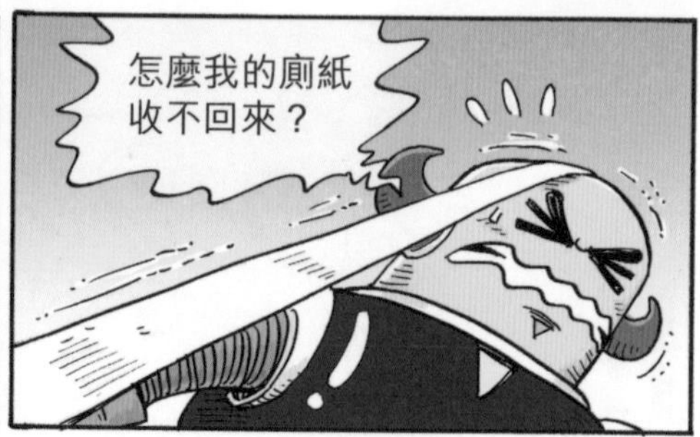

啪！

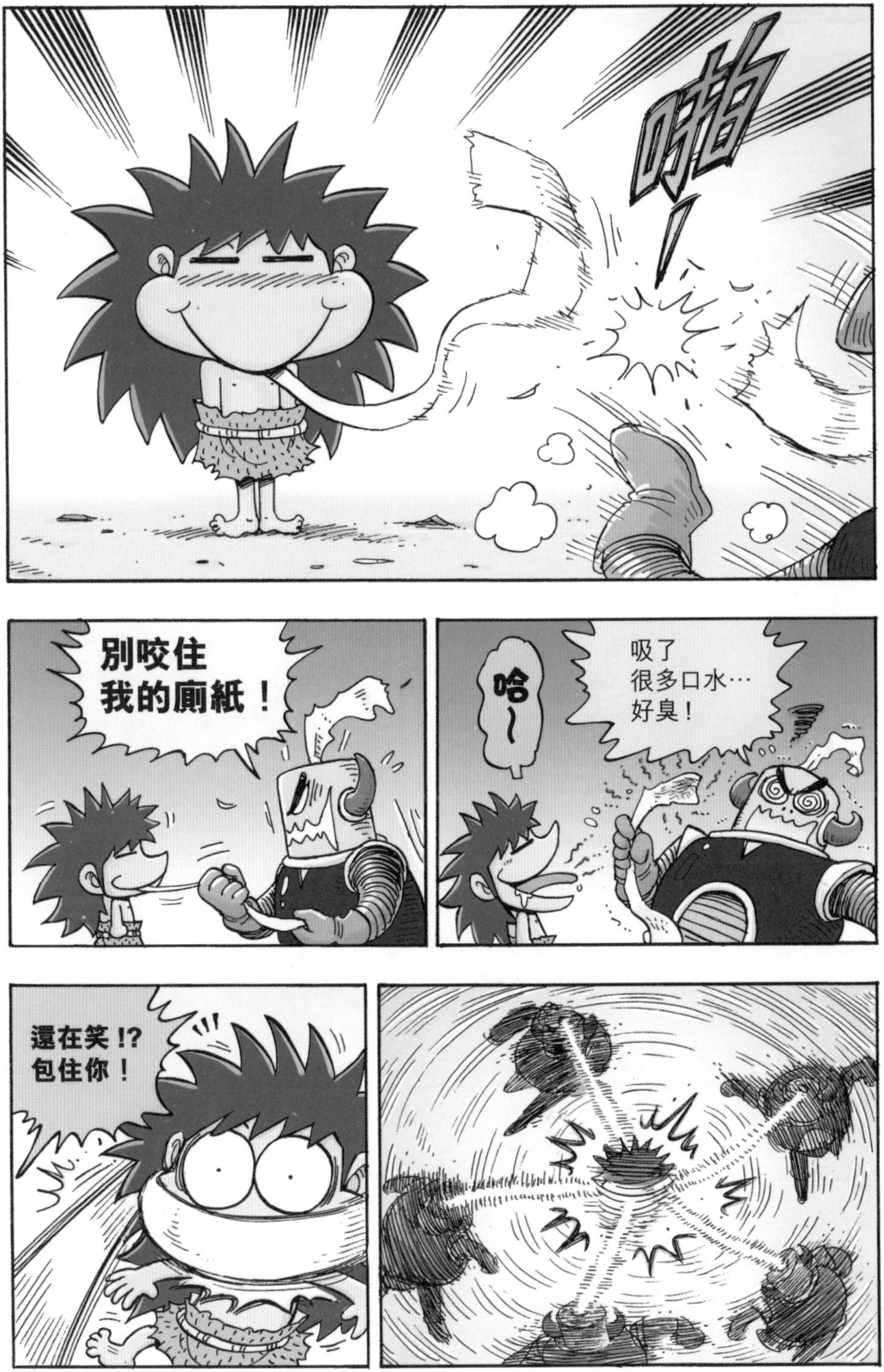

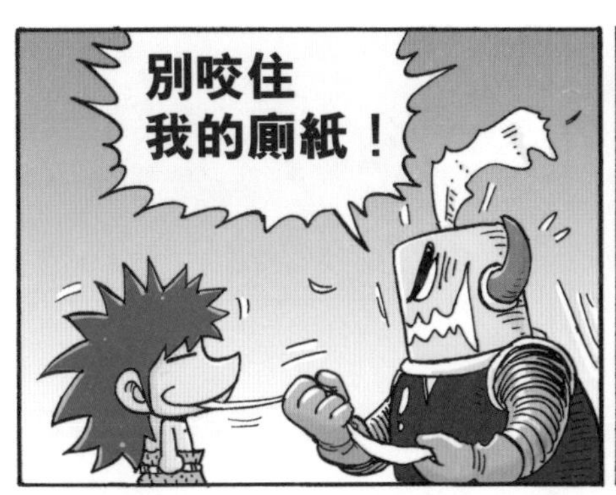
別咬住
我的廁紙！

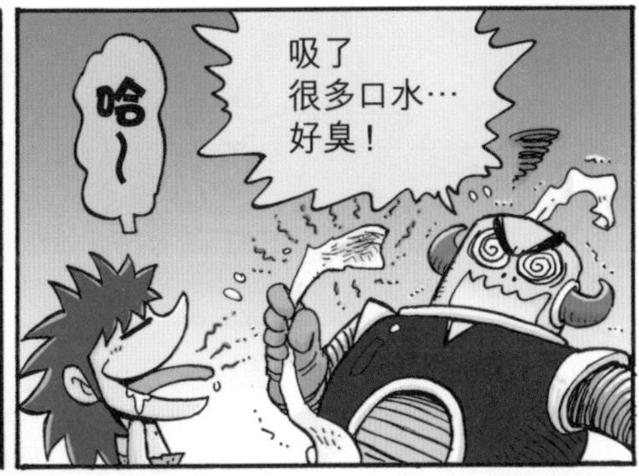
哈～
吸了
很多口水…
好臭！

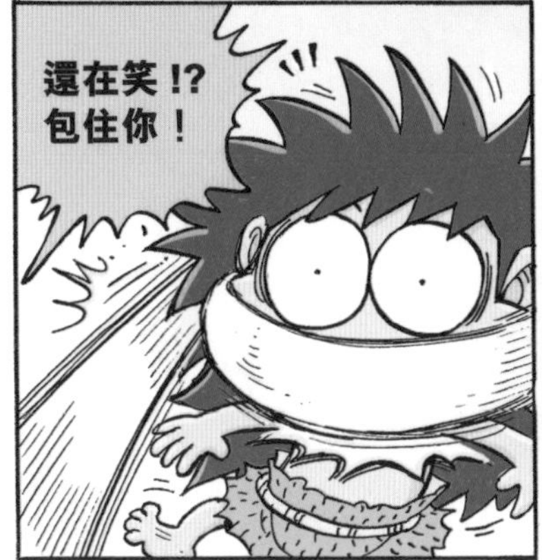
還在笑!?
包住你！

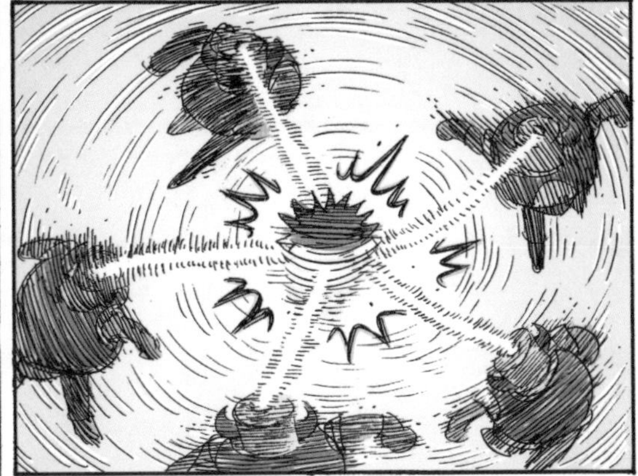

嗚~~~~
嘿，現在你動彈不得…
就阻不了我對付小水點了！

只要用這卷無限伸延的強力廁紙，把你身體的水分吸乾…

就能夠輕鬆把你帶回去了。

來吧!!
嗖

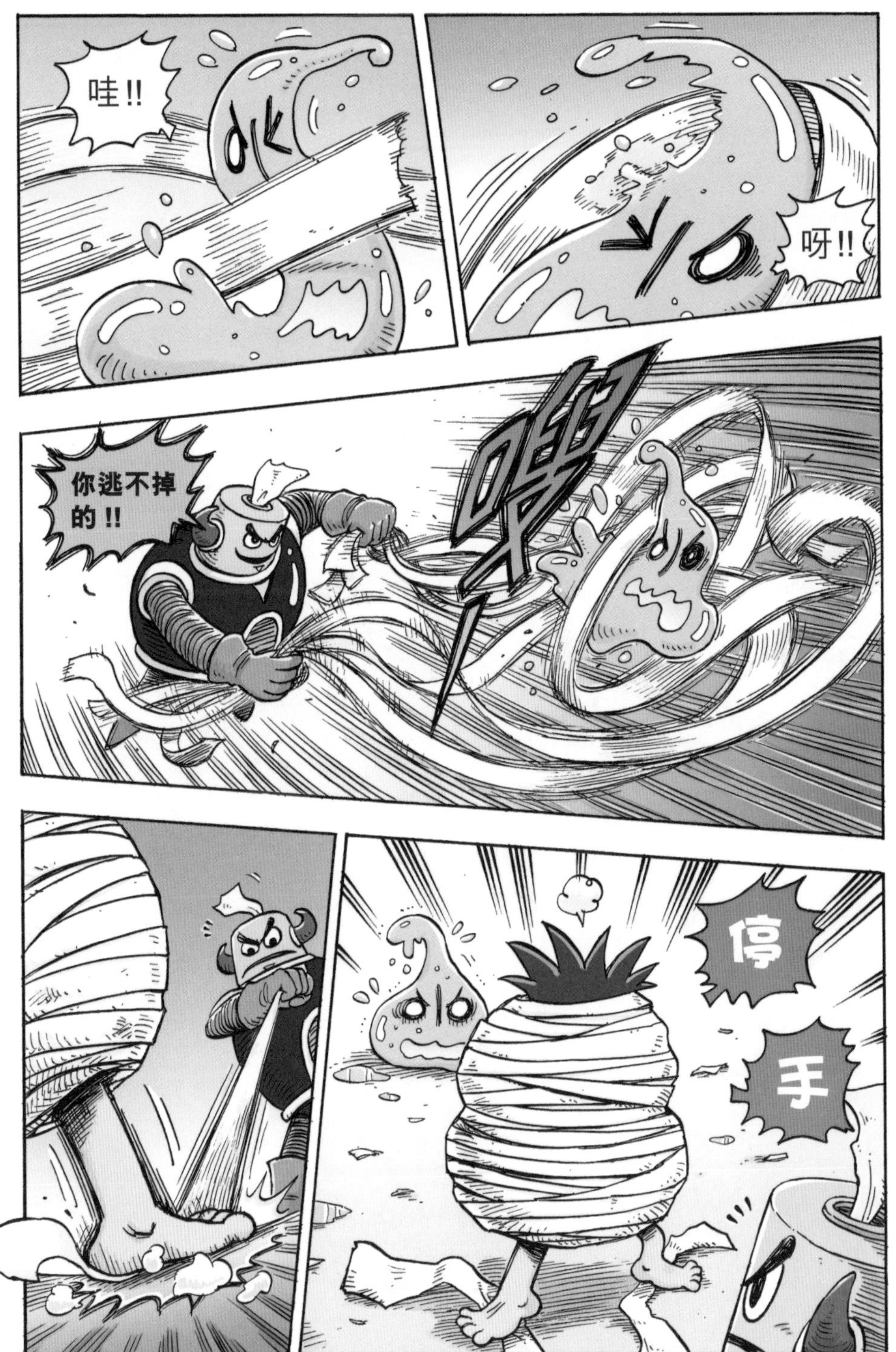
哇!!
呀!!
你逃不掉的!!
停
手

嘿

甚麼!?
竟然掙脫了
我的強力
吸水廁紙？

抹
汗
嗄～
可惡呀…

用多兩倍廁紙
綁住你!!

唏
呵
嘿
呵
唏
嘿－
紙
波
波
吓!?

送
給
你

呀！

Yeah!
命
中

哇呀！

滴
滴
仔
？
你
在
哪
裏
？

很
小
我在這裏啊⋯

嗖——
嗚

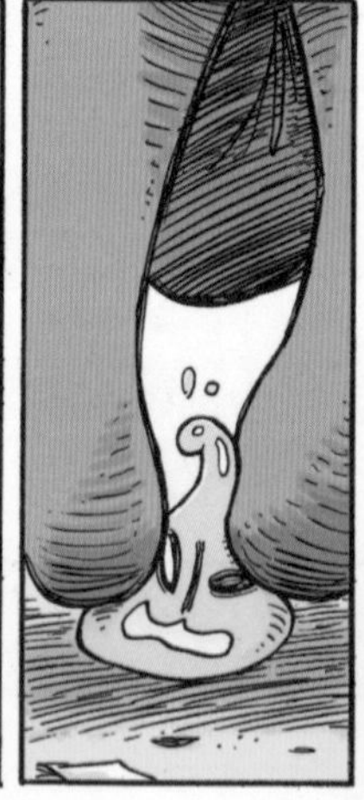

嘿嘿⋯終於捉到實驗體323了！

立刻交給畢博士！

不
要
走

嘿——
?
吱
哇！
我全身都濕透了！
!!

我回復原狀了！
謝謝森巴！

嗚！

我們繼續去
找小剛和
金博士吧。
等
等

不
如
這
樣

呀

我
暈
了
警告！
是入侵
者！

帶他去
畢博士
的房間吧。
唏！

你終於
回來了，
323…
還帶了個
野人孩子來
做手信呢！

出來吧，
我的超級水…

這只是普通水啊!!

豈有此理!!

究竟真正的323在哪裏？

黑水戰士!!

黑色？

滴滴仔

「樓下閂水喉」的魔咒
食水危機與制水

媽子好像一聽到
這句話就很害怕⋯

因為打開水龍頭
就有水，並不是
必然的啊。

香港制水的歷史

在首個水塘於 1863 年落成後，香港政府正式負責向市民供水。然而香港缺乏天然水源，自 1895 年起曾實施多次制水，當中以 1960 年代最為嚴重⋯⋯

起因是甚麼？

· 1945 年二戰結束後，大量嬰兒出生。
· 大量逃避國共內戰的內地移民湧港。
· 人口激增大幅加重水塘的供水負荷。
· 60 年代初發生大旱災，令食水更為短缺。

香港 5 月平均降雨
量約有 300 毫米，

卻只有 6 毫米！

如何制水？

1963 年 5 月 2 日，政府宣佈每日限制供水 3 小時。後來更越縮越短，6 月 1 日起更限制每 4 天才供水 4 小時，直至翌年 5 月 27 日才撤銷，這一年成了香港人的痛苦回憶。

水龍頭也沒水？

當時香港住宅只有三、四層高，每層共用一條水喉。由於水壓不足，當下層打開水龍頭時，上層就沒水用，每天煮飯時間總會傳出「樓下閂水喉」的聲音。制水期間那供水 4 小時更是不絕於耳。

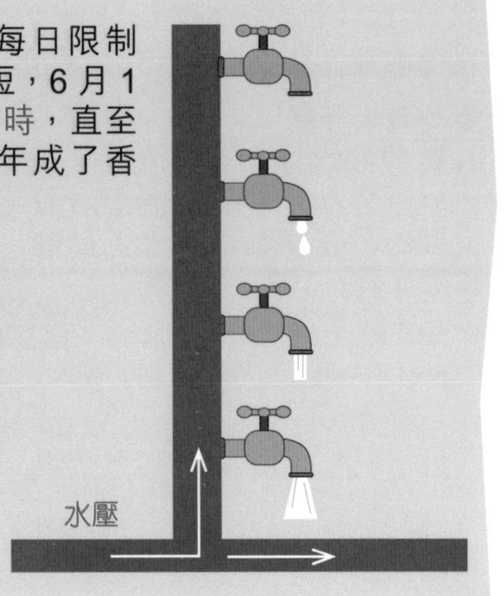

不過就算 4 天不洗澡，
森巴也不會當成一回事吧。
哈

制水以外的水荒對策

當時香港水塘儲水只夠用約 43 天，制水只是權宜之計。最重要是政府藉此大幅改革，我們才享受到現在的成果。

建設兩大水庫

前頁提及的船灣淡水湖，是時任水務監督在水荒下的大膽構思。到 70 年代再以同樣方法建成萬宜水庫，兩個水庫大大提升香港儲水量，令供水更加穩定。

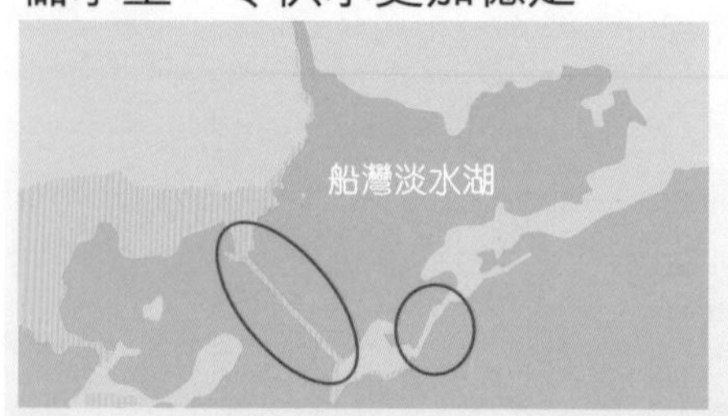

從地圖上可清楚看到，兩條水壩如何把水庫分割出來！

購入東江水

香港早於 1960 年起向廣東省購買食水，初期是以船運到港。鑑於 63 年水荒，港府與內地達成協議興建輸水系統，1965 年開始直接由東江輸入食水，一直至今。

免費海水沖廁

收費的海水沖廁系統在 1960 年左右啟用，經歷水荒後政府更立法強制安裝。但要市民花錢就難免出現爭拗，港府便當機立斷，1972 年正式改為免費供應。

典型海水供水系統

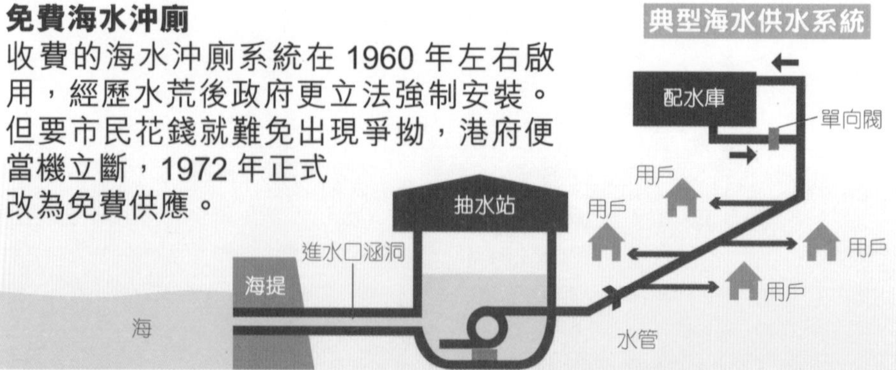

Check! 在兩大水庫與東江的穩定供水下，香港在 1982 年正式跟「制水」道別，隨時扭開水龍頭也有水用了。

第五回
水的大決戰

污水攻擊!!

看不見
很刺眼
呀——

放手

嗚～

咕咕咕

哈哈哈！
你動彈
不得了！
這些黑水戰士最厲害之處，
就是擁有無限活力，
一直纏着你！

噹——

你們快停手！
不要弄壞我的機器啊！

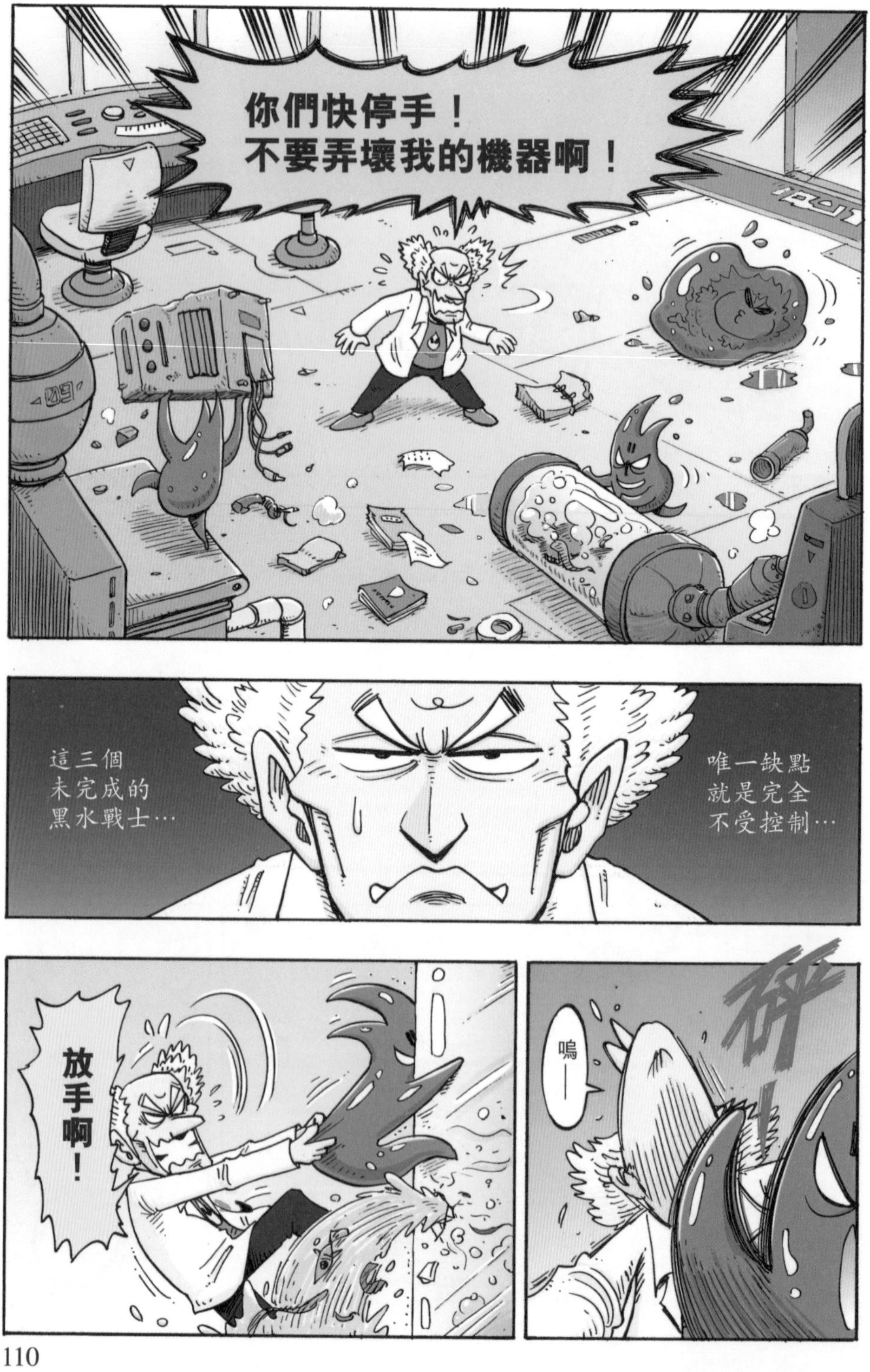

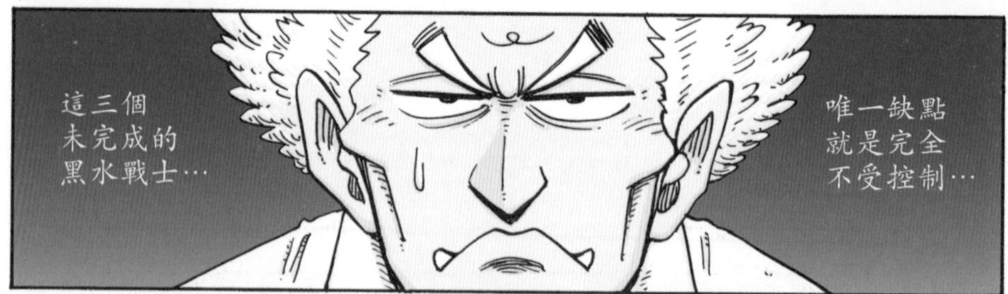
這三個
未完成的
黑水戰士…
唯一缺點
就是完全
不受控制…

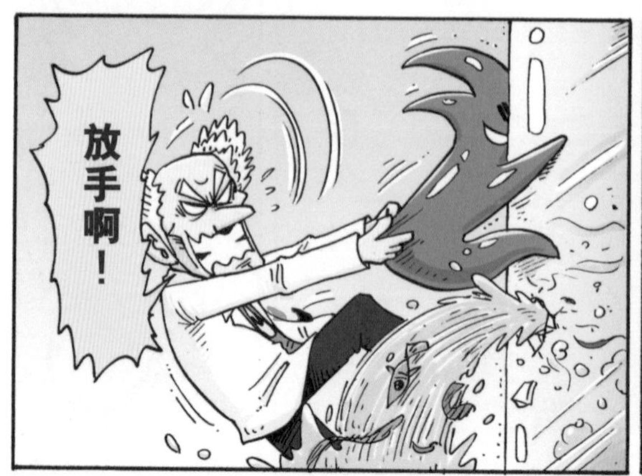
放手啊！

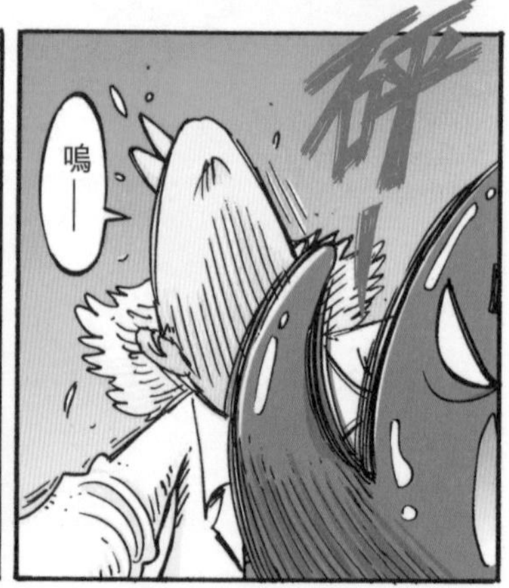
砰！
嗚—

所以我必須
取回 323 的核心…
才能改良它們！

畢特拉 !!
誰叫我
全名 !?

金博士！
323 救了
你們出來嗎？
我要把你趕出
這個研究室！

竟然還改了個
這麼古怪的名字 !?
滴滴仔，
這次靠你了！
好！
我打算叫它做
小水點的…

也好，既然你
自投羅網，
就省得我
到處找。

上吧！
黑水 1 號、2 號！
呀！

我和你合作
對付他們吧！
好！
博士，請你先
回避一下！
你們
小心啊！

合體！
哇！
好有型！
水之
鋼拳！

吼——

哇——！

砰！

嚓

嗚！

呀！
它正在擴散！

糟…
我被黑水的…
雜質污染…
維持不到…
固定形態！

哇！

你怎樣
啊？
嗚…啊…

!!

嗚 !!

CATCH!

不愧是
黑水戰士。
一出手就捉住了
這兩個小鬼。
好！

現在只差你了，
滴滴仔…

上吧！

嘔——

好不容易
才排出了
雜質…
這麼快
又來!?

我不會
再給你
擊中的!!

咻——
來吧！
嘿——！
咬住你！

讓我把你
洗乾淨吧！

嗚～～!!
高速旋轉!!

排除
雜質！

為甚麼…
變得這麼
強壯？

噗——

啊!?

森巴！小剛！
快醒醒！

滴滴仔！

好
健
碩
過獎了…
感覺很
奇怪…

我還未輸啊！

我還有兩個黑水核心！

啪！
!!

咕嘟咕嘟⋯
等等⋯
⋯⋯
?
?

嗄⋯喝夠水了⋯

讓你們見識超級水的
真正力量！

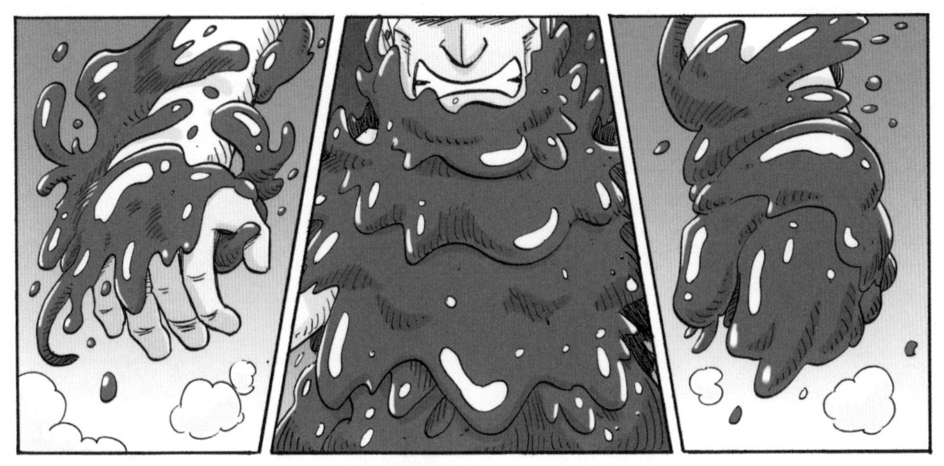

黑水 裝甲

冰點機關炮！

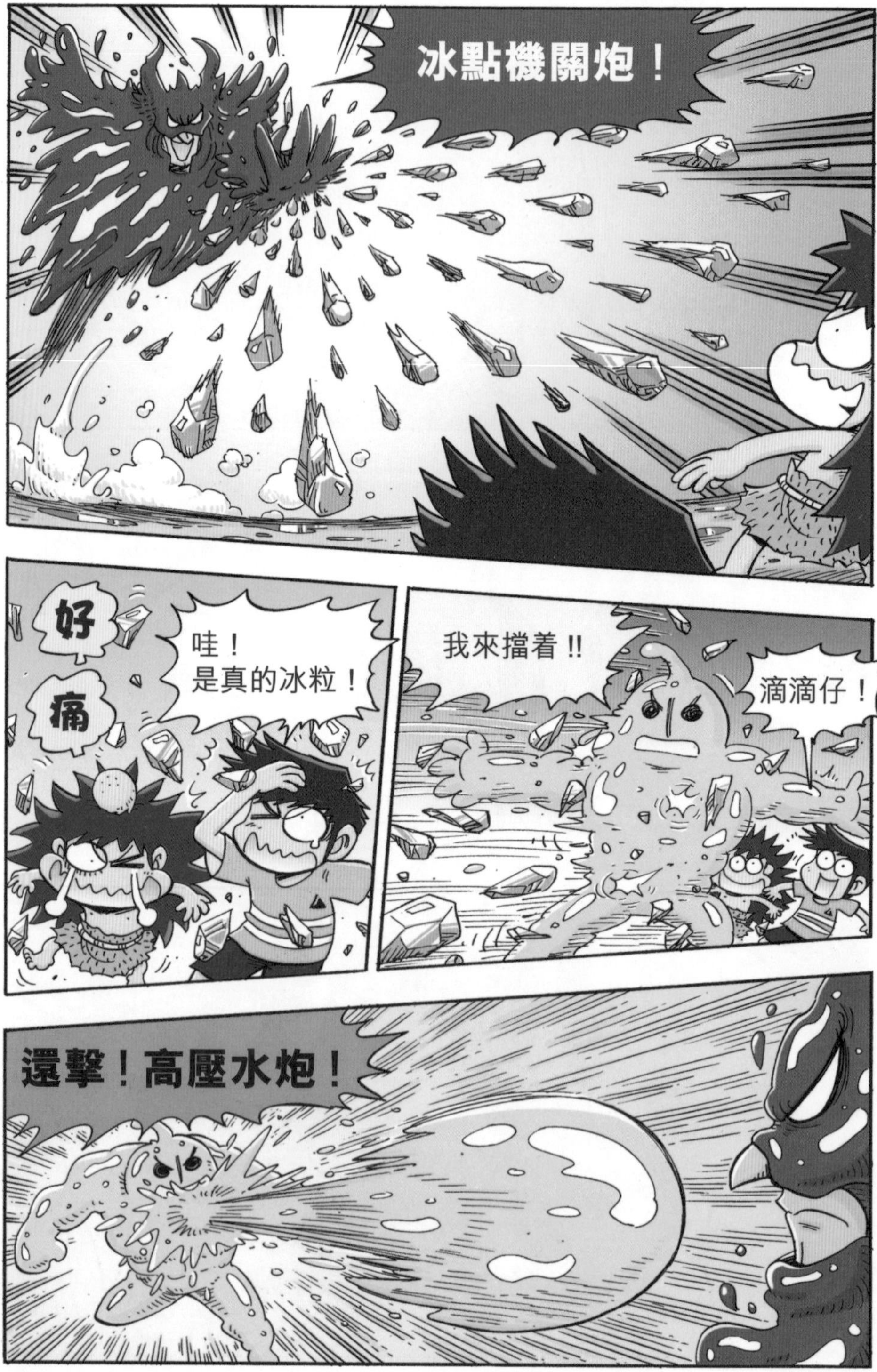

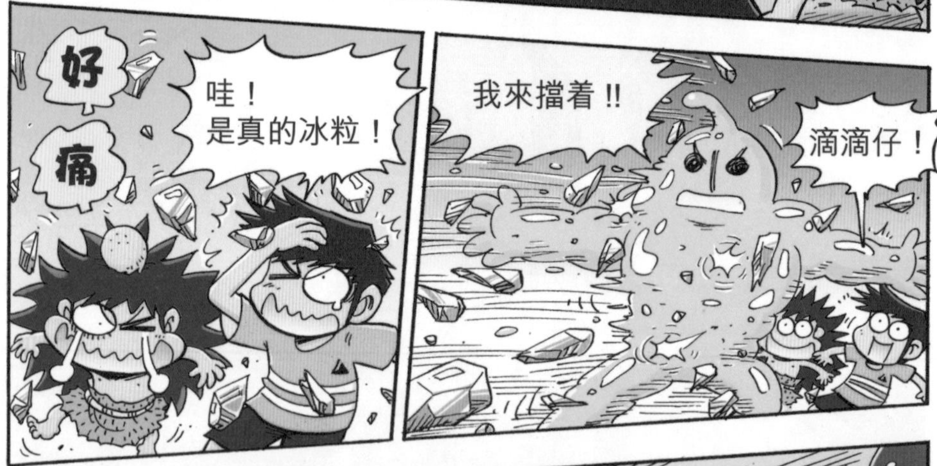

好
痛
哇！
是真的冰粒！
我來擋着 !!
滴滴仔！

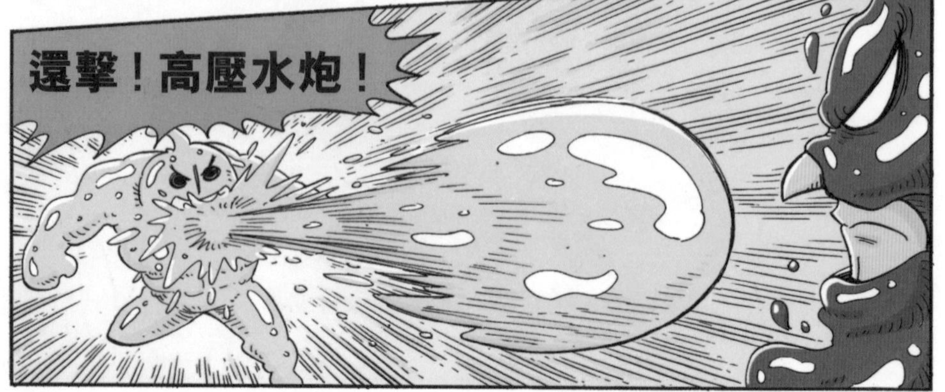

還擊！高壓水炮！

禮尚往來，
給你洗個蒸氣浴吧！
嘿嘿！這花灑浴
很舒服呢！

瞬間蒸發——！

竟然能自己
把水分變成
蒸氣!?

咦，他在哪裏？

我在
這裏呀！
呀！

把你的核心
交給我吧！

我們不會
讓你得逞！
啊？
嘿——

你們不會
是黑水裝甲
的對手 !!

吸濕大笨象!?

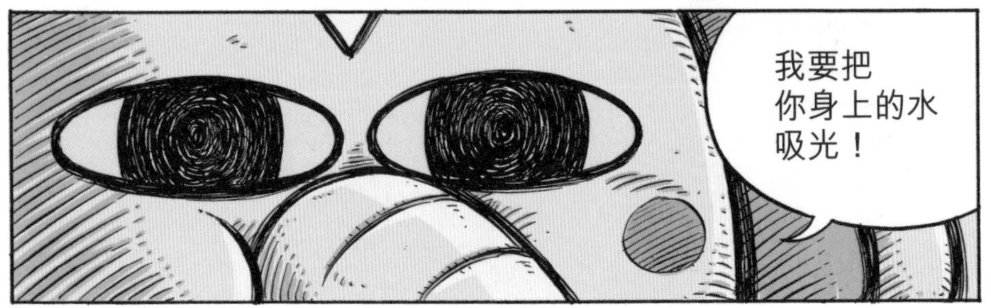

呀——!!

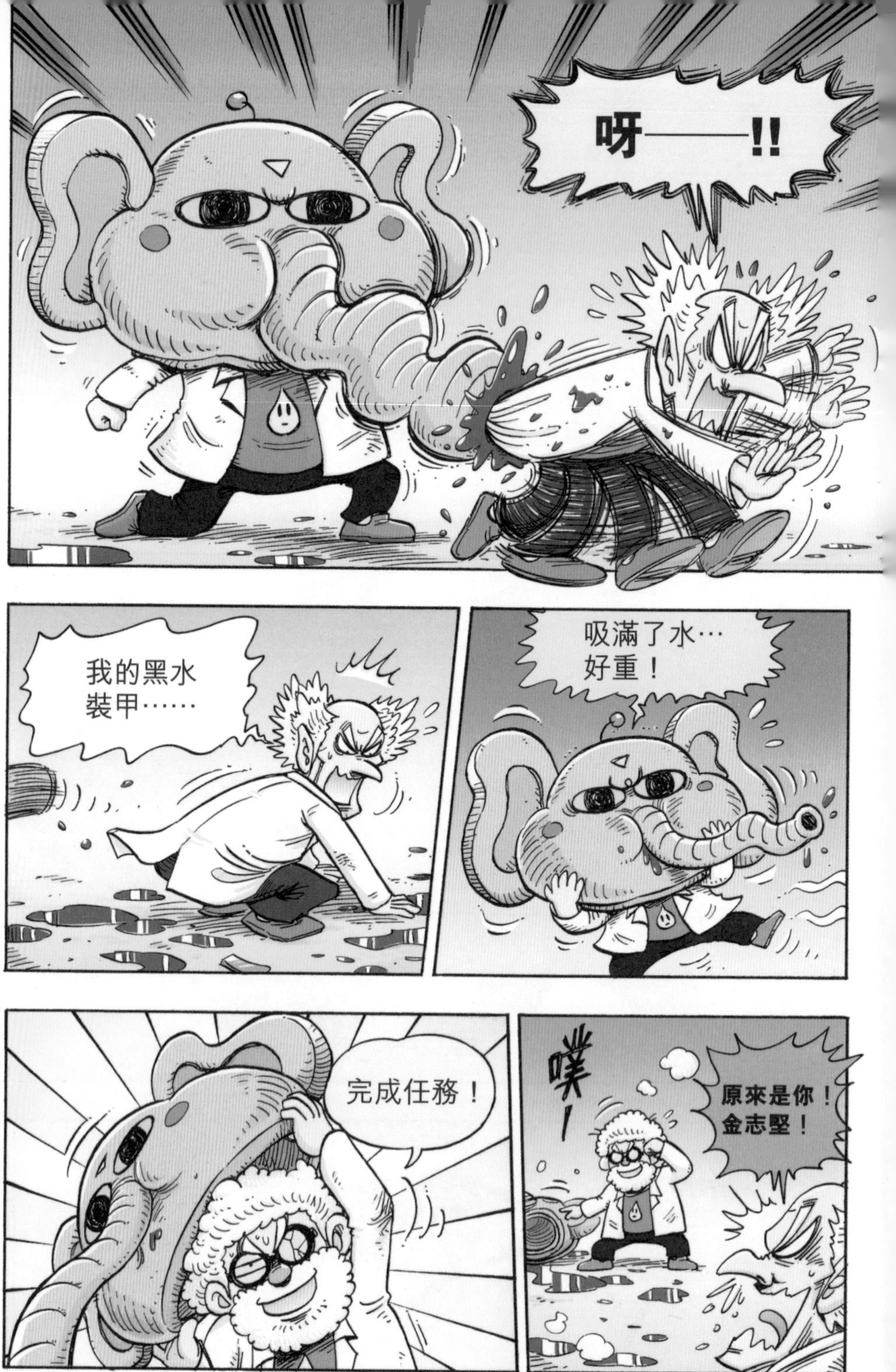

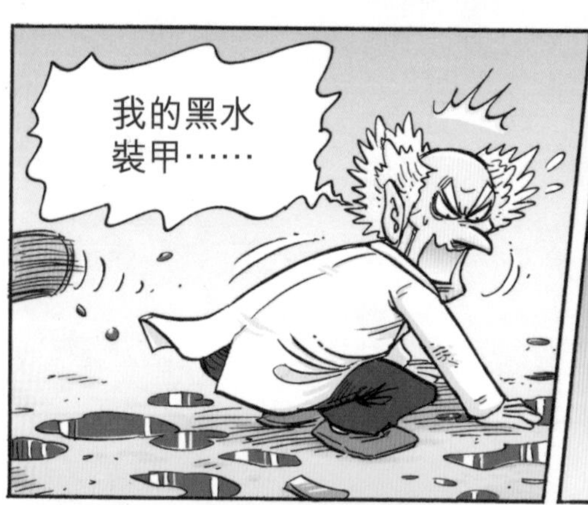
我的黑水
裝甲……

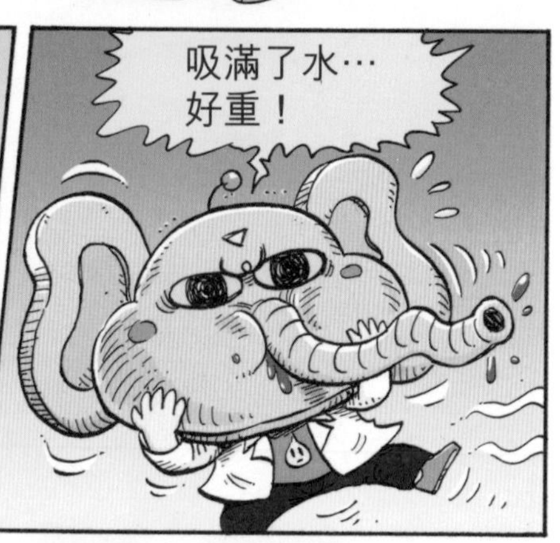
吸滿了水…
好重！

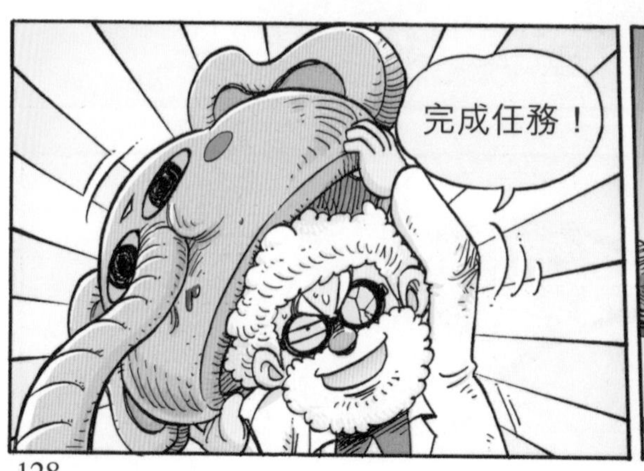
完成任務！

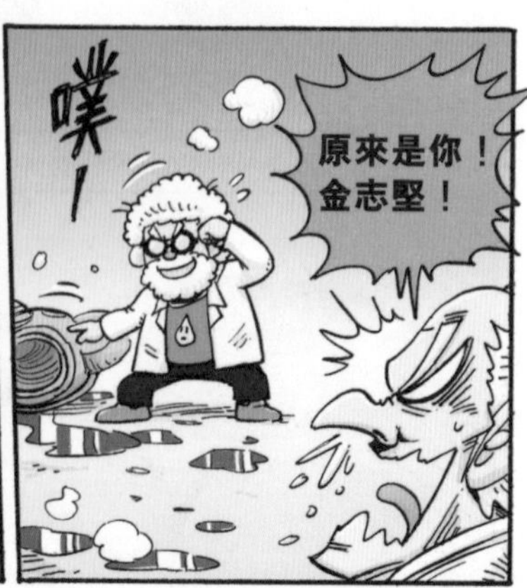
噗！
原來是你！
金志堅！

合體攻擊!!

三為一體!!

我們贏了!!

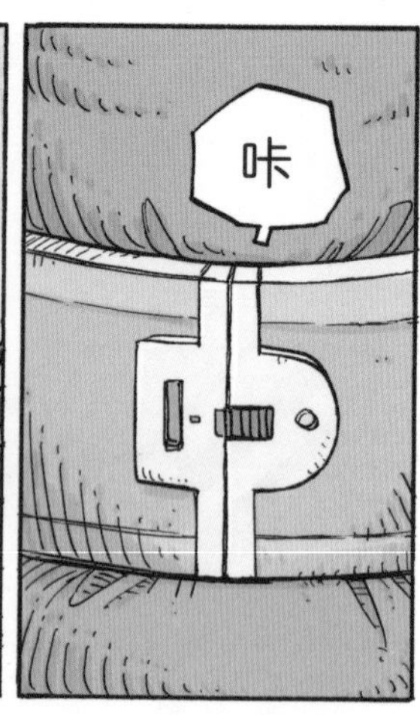
咔

這些機械人會將
畢博士與他的罪證
一同送往警局。
他再也無法
回來這裏了。
犯人
BYE

森巴、小剛，
謝謝你們！

我和滴滴仔會繼續研究超級水，
希望將來能夠改善生活。
我們也該
回家了。

很高興認識你們啊，
有空再來玩吧！

高壓噴射

啊——！

兩日後

剛
請
你
飲
茶
森巴乖！

這茶很香啊！
是用甚麼水
泡的？
循
環
再
用

自從遇上滴滴仔之後，
森巴更懂得珍惜食水了…

不
要
浪
費
用
完
洗
澡
的
水
噗
!!

森巴！
哈～

END.

你也能夠拯救地球另一邊的人！
水的危機與未來

呵
別浪費啊，世界上還有很多人沒有足夠食水的。
飽死了…

沒有水的世界

礙於種種原因，全球現在約有17億人生活在極度缺水的地區，如計算食水不足的話就更多。為甚麼會出現食水不足的情況？

①用量增加

隨着生活質素改善，農業全球用水量在上一世紀竟然暴升了7倍！

原來全球農作物有40%是用作餵飼家畜，只因吃穀物的家畜肉質好，利潤較佳。然而，這些農作物原是足夠讓全球人類溫飽的。

②水源短缺

在一些缺乏水源的落後地區，人們很多時需要翻山越嶺，花了半天才可取得一天所需的水啊。

在落後國家甚至每隔幾秒就有一個小孩因喝下污水而染病死亡！

③水污染

因使用農藥，或工業及家庭排放污水而造成的水污染，在一百年間大增20倍，連原本非常清澈的地下水亦大受影響。

④改變天氣

過度伐木及溫室氣體排放破壞了水循環。森林失去樹木無法儲存雨水，雨水一口氣沖往下游造成洪水。由於沒有足夠水分蒸發成雲，就不能降雨，形成乾旱。

雨水直接流失，亦把泥土表面的養分沖走。

樹木可把約7成雨水保留，在原地重新蒸發成雲。

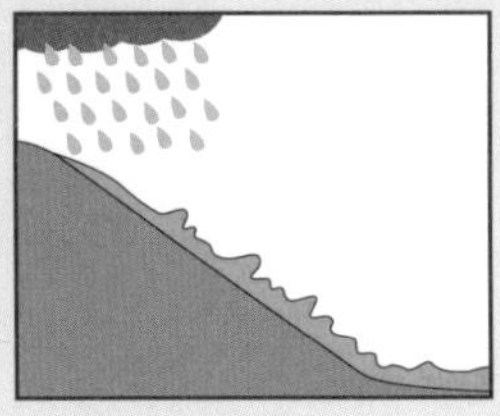

那我們有甚麼對策？

製 造 水

當然不行！很危險的！

應付水危機的方法與難處

即使有今天的科技，要解決水荒還有漫漫長路！

為何不能製造水？

把氫原子和氧原子合成就能產生水 H_2O，但這過程會產生最少幾千度的高熱和爆炸。製造少量作實驗用途還可，但無法安全製造解決水荒的水量。

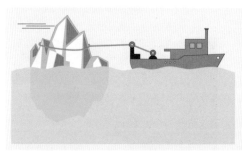

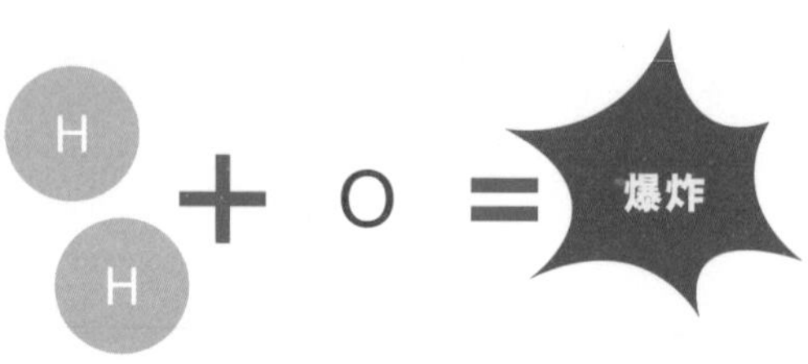

冰川的水能用嗎？

阿聯酋一位富豪正籌備到南極，把一座冰山拉到乾旱的阿拉伯地區使用。不過這計劃費用非一般國家可承擔，而且即使成功到達目的地，也預計冰山將損耗 3 分 1 了。

海水化淡怎麼不普及？

香港早於 1975 年建成「樂安排海水化淡廠」，但礙於成本過高僅用了數年。其實現在的化淡成本已漸漸降低，水務署也重新着手研究這議題了。

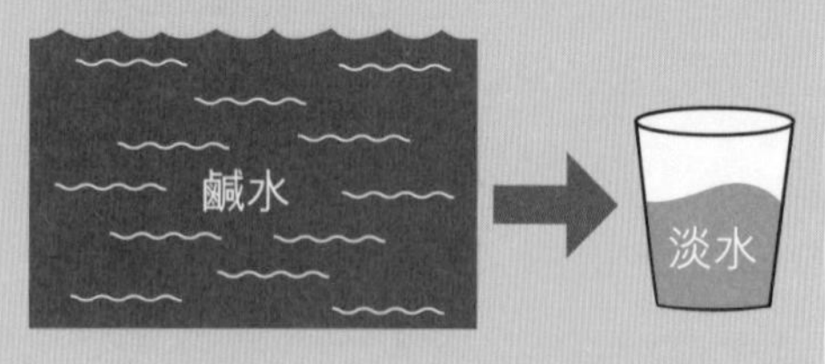

水能循環再用嗎？

近年各國都致力研究再造水，就是把污水過濾後循環再用。真正用作食水的國家不多，但用於灌溉、沖廁或工業的技術已漸趨成熟。

要節約用水呀！

生活細節

在每日生活中，每個細節都能節省不少水，你又做到多少？

- 以淋浴代替浸浴
- 在水槽中浸洗碗碟
- 用洗完蔬果的水澆花、抹地
- 不嬉水

找尋省水的足跡

原來我們每日直接用水，只佔總用水量不足 5%！其餘 95% 為間接用水，即是之前提及的水足跡。看看以下的水足跡估算，你就知道如何選擇「省水」食物了！

500 克蘋果	500 克白米	500 克大豆	500 克麵包	500 克牛奶
350 公升	1700 公升	900 公升	650 公升	500 公升
500 毫升咖啡	**500 克芝士**	**300 克雞肉**	**300 克豬肉**	**300 克牛肉**
560 公升	350 公升	1170 公升	1440 公升	4500 公升

肉類大部分水都用在飼料上，如果你真的很想吃牛肉，也可選草飼牛，因為牧草耗水比穀物少。

第1集 水的知識

編繪：姜智傑　原案：森巴FAMILY創作組

監修：陳秉坤　編輯：羅家昌、郭天寶

設計：麥國龍、陳沃龍、徐國聲

出版

匯識教育有限公司

香港柴灣祥利街9號祥利工業大廈2樓A室

承印

天虹印刷有限公司

香港九龍新蒲崗大有街26-28號3-4樓

發行

同德書報有限公司

九龍官塘大業街34號楊耀松（第五）工業大廈地下

電話：(852)3551 3388　傳真：(852)3551 3300

第一次印刷發行　2020年6月

ISBN : 978-988-79706-1-3

港幣定價 HK$60

台幣定價 NT$270

發現本書缺頁或破損，
請致電25158787與本社聯絡。